ERRATA.

Page	ligne	
13,	15,	*au lieu de* parallélogramme; *lisez* rectangle.
34,	31,	le §. précédent; *lisez* le §. II.
ibid.	8,	après les lettres A C, je voudrois qu'un astérisque renvoyât à la note suivante, au bas de la page : « Cette largeur » n'est point nécessaire à la rigueur, mais elle est ex- » trêmement utile pour y passer avec le char à bœufs, » soit pour y transporter les matériaux en cas de répara- » tions, soit pour avoir un emplacement lors de la pêche » générale; outre qu'il est agréable de se ménager une » promenade spacieuse. »
39,	2,	100 mètres cubes; *lisez* 12,600 mètres cubes.
ibid.	3,	cent mille kilogrammes; *lisez* 1,260,000 myriagrammes.
46,	8,	ligne; *lisez* digue.
48,	25,	avec un clou; *lisez* avec plusieurs clous.
50,	15,	*après* (*f t*); *ajoutez* (*fig.* 12).
55,	25,	30 centimes; *lisez* 35 centimes.

Dans la *Planche IV*, *fig.* 11, dans le plan de la tour, supposez une ligne perpendiculaire à la ligne A B, et qui passe par le centre du cercle noir, cette ligne aboutit en haut et en bas à deux échancrures; or ces échancrures sont prodigieusement grandes, n'étant destinées qu'à recevoir les deux anses *g h* de la *fig.* 9; il faut donc absolument les rétrécir de beaucoup.

Même *Planche*, *fig.* 12, *au lieu de* P; *lisez* *p*.

RÉSERVOIRS ARTIFICIELS

OU

MANIÈRE DE RETENIR L'EAU DE PLUIE ET DE S'EN SERVIR POUR L'ARROSEMENT DES TERRAINS QUI MANQUENT D'EAUX COURANTES.

PAR

HYACINTHE CARENA

DOCTEUR EN PHILOSOPHIE, MEMBRE DE L'ACADÉMIE IMPÉRIALE DES SCIENCES, LITTÉRATURE ET BEAUX-ARTS, ET ASSOCIÉ LIBRE DE LA SOCIÉTÉ D'AGRICULTURE DE TURIN.

Da veniam scriptis, quorum non gloria nobis
Caussa, sed utilitas, officiumque, fuit.

OVID. ex Ponto lib. III, ep. IX.

TURIN 1811.

DE L'IMPRIMERIE DE L'ACADÉMIE IMPÉRIALE
des Sciences, Littérature, et Beaux-Arts.

RÉSERVOIRS ARTIFICIELS

OU

MANIÈRE DE RETENIR L'EAU DE PLUIE ET DE S'EN SERVIR POUR L'ARROSEMENT DES TERRAINS QUI MANQUENT D'EAUX COURANTES.

PAR

HYACINTHE CARENA.

Lu à la Société d'Agriculture de Turin, le 10 mai 1810.

AVANT-PROPOS.

Il y a assez long-tems que la méthode d'arroser les terrains avec des réservoirs artificiels a été introduite par Monsieur Blancardi-Roero de la Turbie, dans ses terres de Ternavasio, département du Pô; quelques propriétaires d'un département voisin (de la Sture) n'ont pas tardé à suivre cet exemple; enfin la Société d'Agriculture de Turin s'est empressée de faire mention de ce procédé plusieurs fois dans ses actes, afin d'en encourager l'introduction partout où le sol en serait susceptible : cependant cette excellente méthode n'est encore adoptée jusqu'à présent, que dans une étendue de pays très bornée, et l'on peut même dire que, hors de là, elle n'est presque pas connue ; tant il est vrai, qu'en agriculture sur-tout, les procédés même les plus utiles ne s'introduisent, et ne se répandent qu'avec une lenteur extrême.

Ces considérations, et le desir de concourir à la propagation des utiles pratiques du premier des arts, m'ont engagé à publier une description détaillée de tout ce qui concerne essentiellement cette branche de construction rurale, afin de mettre les propriétaires des terres arides et demi-incultes dans le cas d'entreprendre et d'achever par eux-mêmes la construction des réservoirs artificiels, dont ils ne manqueront pas de recueillir les plus grands avantages.

Il est peut-être inutile de faire remarquer que les réservoirs, dont il est ici question, ne doivent point être confondus avec ces étangs mal-sains que malheureusement des circonstances particulières semblent rendre nécessaires dans certains pays, tantôt pour se faire, moyennant le commerce du poisson, un revenu que l'on ne pourrait peut-être pas se procurer autrement, tantôt pour fertiliser les terres par le limon que l'eau y dépose après un séjour plus ou moins long, ainsi que cela se pratique dans le département de l'Ain, et ailleurs. Ces amas d'eau ont presque toujours une très-grande étendue, et les eaux y séjournent sans interruption pendant l'espace de plusieurs années. Au contraire les dimensions des réservoirs sont toujours subordonnées à des circonstances de possession, de localité, de moyens, etc. et le concours de ces circonstances n'a pas lieu si fréquemment pour que l'on ait à craindre que l'étendue et le nombre de ces réservoirs puisse porter atteinte à la salubrité de l'air ; outre que l'eau n'y séjourne pas constamment, car à peine l'a-t-on amassée au printems, qu'on la répand en été sur une grande étendue de terrain, d'où elle s'écoule en suite, et s'en va : l'eau y est donc perpétuellement renouvelée, et n'est point croupissante ; aussi sa surface n'est-elle jamais souillée de cette mousse verdâtre que l'on voit sur les eaux dormantes. Les étangs peuvent donc très-bien mériter d'être proscrits, tandis que les réservoirs artificiels réclament l'attention des propriétaires, et les éloges des écrivains.

Ce petit ouvrage, uniquement destiné à faire

connaître le moyen d'arroser les prés dans les endroits où l'on n'a d'autre eau que celle qui vient du ciel, ne renferme rien de ce qui a rapport au revenu du poisson, ainsi que l'on pourrait s'y attendre. Cette partie me paraît très-bien connue dans les pays, où l'on en fait un objet de commerce; et d'ailleurs ce que l'on pratique dans le département où j'écris, ne peut point être proposé comme une règle, l'arrosement des prés y étant le but principal que l'on se propose, et auquel on sacrifie sagement une partie du produit que l'on pourrait tirer du poisson.

Ayant fréquemment séjourné dans les lieux où existent ces réservoirs artificiels, en ayant vu former sous mes yeux, et ayant même coopéré à la formation de quelques-uns d'entr'eux, j'ose me flatter de n'avoir rien oublié de ce qui concerne essentiellement cette branche d'économie rurale. Si mon faible travail peut satisfaire la curiosité du public et l'intérêt des particuliers, mon but est rempli.

§. I.er

Utilité des réservoirs dans les endroits où il n'y a pas d'eaux courantes.

La nature prévoyante fait succéder, il est vrai, dans le cercle des saisons des pluies rafraichissantes à des chaleurs excessives, afin de conserver à la terre sa fertilité, et d'entretenir la vie des végétaux; mais il est également vrai, que, plus occupée de l'ordre général des choses, que du besoin particulier d'une contrée, elle laisse souvent languir par une sécheresse trop prolongée, des campagnes qui quelques mois auparavant étaient imbibées et recouvertes d'une eau surabondante et nuisible.

Mais l'industrie humaine qui sait tourner à son utilité particulière la marche générale de la nature, a su aussi emprunter des rivières et des torrens l'eau que le ciel semblait vouloir refuser, et la diriger habilement, par des canaux mille fois ramifiés, sur les arides campagnes.

Cependant cette méthode d'arrosement si naturelle et si facile à pratiquer dans les terrains qui sont traversés par des eaux courantes, devient très-difficile à l'égard de ceux qui en sont éloignés, et elle est absolument impraticable dans les terrains un peu élevés auxquels aucune rivière, aucun canal n'aboutit, et où cependant la nécessité de l'eau se fait plus fréquemment sentir. De-là vient que la plupart des agriculteurs renoncent à tout projet d'arrosement dans ces sortes de terrains, ou bien les plus habiles d'entr'eux se bornent à diriger les eaux pluviales, pendant leur écoulement passager, sur les endroits plus bas, qu'ils réduisent ordinairement en prés.

Mais il est rare que l'on puisse tirer de cette pratique tout l'avantage qu'elle paraît promettre, car les prés, lorsqu'il pleut, étant presque toujours suffisamment imbibés de l'eau qu'ils reçoivent directement du ciel, n'ont guère besoin pour lors d'être arrosés d'avantage, tandis qu'ils en manquent absolument dans les longues sécheresses. Il suit de-là que, malgré tous les soins, ces sortes de prés restent toujours des prés secs que l'on ne fauche ordinairement qu'une seule fois, au lieu que l'on fauche trois fois les prés régulièrement arrosés. Il paraît néanmoins hors de doute, que l'eau qui tombe ordinairement du ciel pendant l'année peut suffire aux besoins de la végétation (*); car en Piémont, par ex., il pleut

(*) Ceci doit avoir lieu sur-tout en Italie, s'il est

environ cent fois dans l'année, faisant en tout (d'après une moyenne de trois années) 85 centimètres d'eau, sans compter la neige. Ce n'est donc point au manque absolu d'eaux pluviales qu'il faut rapporter les sécheresses annuelles, mais à ce que les pluies ne tombent point régulièrement, c'est-à-dire, à des époques convenablement éloignées les unes des autres.

Ces considérations donnent lieu naturellement à ce problème d'agriculture pratique, savoir de *garder les eaux de pluie lorsqu'on en a de trop, à fin de les distribuer aux prés dans les mois de sécheresse*. Quelque naturelle que paraisse l'idée de ce problème, et quelque facile que l'on en puisse juger la solution, on ne voit cependant pas que ce genre d'industrie rurale soit aussi répandu qu'il devrait l'être pour le bien privé et public : des provinces entières de France et d'Italie paraissent absolument l'ignorer, quoique dans le cas d'en avoir le plus grand besoin, faute d'eaux courantes.

Pour ce qui regarde le Piémont, ce n'est que dans un seul endroit, et dans un espace

---

vrai que ce pays est, après la Hollande, le plus pluvieux de l'Europe. Collect. Acad. partie étrang. Tom. II contenant les Mém. de l'Acad. de Stockolm.

très resserré de quelques lieues carrées, que l'on trouve ce problème complétement résolu moyennant des réservoirs plus ou moins grands, où l'on assemble les eaux pluviales de l'automne, et du printems, pour les diriger ensuite sur les prés en été. Les étrangers éclairés que le zèle ou la curiosité amène à visiter ces constructions, y éprouvent l'effet de la surprise, et un savant distingué (*) que j'ai eu l'honneur d'accompagner sur les lieux, m'a assuré que ces sortes de réservoirs tels qu'ils existent, avec la méthode toute particulière pour la distribution des eaux, ne se trouvent peut-être nulle part, si ce n'est dans quelques provinces d'Espagne, où ils sont même plus en grand, chacun d'eux fournissant l'eau nécessaire à la population de plusieurs paroisses.

Les réservoirs qui doivent faire le sujet de cet écrit sont situés aux limites des départemens de la Sture et du Pô, à environ six lieues sud de Turin, près de l'ancienne Abbaye de Casanova réunie à présent aux domaines de la Couronne.

Le plus grand et en même tems le plus

(*) M. Lasteyrie membre de la Société d'Agriculture de la Seine, auteur de plusieurs ouvrages très-estimés concernant l'agriculture.

ancien d'entr'eux est celui de M. Blancardi-Roero de la Turbie dans ses terres de Ternavasio, département du Pô. La surface est d'environ ving-trois hectares, et l'eau s'y amasse ordinairement à la hauteur de cinq mètres : avec l'eau de ce réservoir on arrose 57 hectares de prés, et il en reste encore assez pour entretenir des poissons.

Ce fameux réservoir mériterait lui seul une description particulière. Une digue immense en maçonnerie, placée à l'embouchure de plusieurs petites vallées d'une pente très-douce, arrête les eaux pluviales qui tombent supérieurement sur une grande étendue de terrain boisé. Il en résulte une pièce d'eau imposante que l'œil extasié parcourt avec ravissement, à cause de la variété pittoresque du lieu. Sept à huit barques sont toujours employées à parcourir ce vaste bassin pour l'amusement des colons du pays pendant les jours de fête, et des habitans des villes environnantes, qui y sont attirés par la renommée que ce petit lac artificiel s'est déjà acquise. L'habitation du gardien, bâtie sur une petite élévation à côté du réservoir, paraît se mirer dans ses eaux, et contraste singulièrement avec elles. Tout concourt à former dans ce beau pays un ensemble et un coup d'œil vraiment agréable.

L'utilité de ce réservoir est évidemment très grande : M. Blancardi-Roero de la Turbie en creusant des fossés, en formant des aqueducs, et en perçant même des collines a surmonté toutes les difficultés que présentait l'inégalité du sol, et les eaux du réservoir habilement dirigées, répandent toute la vie et toute la fertilité dont était susceptible la terre de Ternavasio la plus forte, la plus compacte, et la plus ferrugineuse qu'il y ait en Piémont : le paysan étonné voit aujourd'hui des peupliers, des saules, et de verts pâturages où il ne voyait jadis que des genièvres et des chardons. Des résultats si heureux ne pouvaient manquer d'exciter l'émulation des voisins : plusieurs ont suivi l'exemple de M. de la Turbie, et ils ont fait construire les réservoirs ci-après. Ces réservoirs sont situés dans le département de la Sture, territoire de Cérésole, à la distance, environ, de deux lieues du réservoir de Ternavasio : ils n'ont pas une si grande étendue à beaucoup près, mais ils ont été construits dans les mêmes vues, avec la même industrie, et apportent à l'agriculture proportionnément les mêmes avantages. Ceux qui méritent plus particulièrement d'être cités sont les suivans :

Le réservoir dit du colombier, propriétaire M. Villa : sa surface est de 4 hectares, et l'eau qui s'y assemble chaque année, élevée ordinairement de deux mètres et demi sur le fond, arrose 10 à 11 hectares de prés. Ce réservoir est remarquable par ses longues chaussées droites et bien boisées, et par une petite île au milieu, garnie d'une maisonnette.

Le réservoir dit de Palerme: propriétaire M. Alexandre Lionne; la surface peut être évaluée à cinq hectares et demi : l'eau s'y élève chaque année à la hauteur de trois mètres, et on arrose avec elle 8 hectares de prés.

Le réservoir du Gallina : propriétaire M. François Rignon. Ce réservoir qui vient d'être achevé, il n'y a pas un an, a presque exactement la figure d'un parallelogramme : il a environ 4 hectares de surface, et peut contenir un mètre et demi d'eau avec laquelle on arrose huit hectares de prés.

Le réservoir dit de l'Olivier du nom du propriétaire. Ce réservoir a environ 6 hectares de surface, et peut arroser 7 hectares de prés.

Le réservoir de Praloté. M. l'avocat Didier-Lionne maire de Carmagnole en est le propriétaire : c'est lui qui a imaginé dernièrement que dans un endroit de ses terres il pouvait, à l'exemple de ses voisins, réunir une quantité suffisante d'eau pluviale ; il a donc conçu le projet de former un réservoir dont les avantages ne paraissaient point équivoques : il n'y manquait plus qu'un nivelement exacte du sol pour s'assurer si l'eau aurait pu faire les différens détours, et arroser des prés à des élévations fort différentes les unes des autres. Des liens d'une ancienne et douce amitié me retenant auprès de lui à sa maison de campagne, pendant les vacances d'automne, nous avons pu faire ensemble cette vérification avec le niveau, et nous avons vu avec satisfaction que le résultat surpassait nos espérances. M. Didier-Lionne a donc mis la main à l'œuvre, et d'ici à fort-peu de tems un mauvais terrain d'environ 4 hectares de surface sera converti en un réservoir, dont les eaux élevées de plus de deux mètres arroseront 8 hectares de prés.

J'ajouterai enfin que les locataires mêmes, si la location est un peu longue, trouvent quelquefois qu'il est de leur intérêt de construire, même en petit, ces sortes de réservoirs ; ce qui prouve assez que l'avantage qu'ils apportent, n'est ni lent ni douteux (*).

(*) Il y a en différens endroits du Piémont des localités qui seraient très-propres à la construction des réservoirs : mais c'est particulièrement dans le territoire de Casanova (Département du Pô) que l'on en pourrait construire très-facilement, et avec une très-grande

Dans tous ces endroits dont je viens de parler, le sol n'est rien moins que fertile : c'est partout une argile ochreuse jaunâtre ou rougeâtre quelquefois brune, toujours maigre et stérile : où les champs produisent très-peu faute d'engrais, et les engrais manquent faute de

---

utilité. Sur une étendue de plus de deux-mille cinq-cent hectares qui composent le domaine de la Couronne à Casanova, il n'y a pas un ruisseau qui coule, par conséquent pas un empan de pré qui soit arrosable. Mais avec un réservoir artificiel dont la construction serait très-facile sur-tout près de la Cassine dite *de l'Arbia*, et que l'on pourrait porter commodement à cent hectares de surface, on aurait deux-cent hectares au moins de prés arrosables.

La formation de ce réservoir aurait le double avantage de ne rien coûter à la Couronne et d'augmenter presque du double ses revenus dans cet endroit : car les fermiers mêmes se chargeraient de tous les fraix de construction, à condition qu'ils pourraient jouir du bénéfice provenant de cette même construction pendant un certain nombre d'années, sans qu'on leur augmentât le prix de la location ; et ce tems écoulé, on porterait la location à un taux plus élevé, c'est-à-dire, en proportion de l'augmentation du revenu.

Le besoin de l'eau dans le territoire aride de Casanova a été de tout tems si vivement senti, qu'on a proposé plusieurs fois aux Rois de Sardaigne de fertiliser ces terres moyennant un canal que l'on aurait dérivé de fort loin.

fourrage ; mais aussitôt que l'on a appris à conserver l'eau de pluie, pour la distribuer régulièrement aux terrains pendant l'été, les campagnes ont pris un aspect plus riant, les prés se sont considérablement multipliés, et l'herbe y vient très-bonne et en abondance, les propriétaires peuvent tripler le bétail, et l'augmentation correspondante des engrais porte la fertilité dans les champs.

Tel est l'heureux changement qu'a produit dans des campagnes sèches et stériles l'établissement des réservoirs : changement que beaucoup d'étrangers ont admiré, et qui a été annoncé au public par M. le professeur Vassalli-Eandi dans son *Saggio sulle peschiere* (vol. 7.e de la Société d'agriculture de Turin), et par M. Giulio, Baron de l'Empire, Préfet du département de la Sesia, dans le *Calendario Georgico* de la Société d'agriculture de Turin pour l'année 1797.

Peut-être me suis-je trop étendu sur les détails et le dénombrement de ces réservoirs qui existent, on peut dire, exclusivement dans un petit coin du Piémont (*) ; mais pour réveiller

(*) D'après les renseignemens que je tiens de la complaisance de M. le Chevalier Bossi Conseiller d'Etat du Royaume d'Italie, il y a dans plusieurs pays monta-

plus efficacement l'attention des propriétaires agriculteurs sur un objet si essentiel, il était nécessaire de leur faire voir que ce qu'on leur propose a été réellement mis en pratique, et que l'utilité en est démontrée par une longue expérience.

§. II.

De la nature du sol et de sa disposition à l'endroit et aux environs du réservoir.

Lorsqu'on conçoit le projet de former un réservoir, le premier soin que l'on doit avoir, est de connaître la nature du terrain où l'on compte l'établir. Le terrain doit être argi-

---

gneux de la Hongrie des réservoirs à-peu-près semblables qui entretiennent l'eau des usines, des forges, des bocards, etc., mais on ne pratique aucune méthode particulière pour retenir l'eau exactement, et les écluses en bois dont on fait usage sont d' une construction beaucoup moins soignée que celles de nos moulins ordinaires à bled: aussi y perd-t-on beaucoup d'eau au point d'en manquer pendant plusieurs mois de suite. Le même inconvénient aurait lieu à l'égard de tous ces réservoirs dont il est parlé dans ce §. sans les moyens que les propriétaires employent pour fermer toute issue à l'eau, et la retenir avec la plus grande exactitude, ainsi qu'on le verra aux §. 6 et 7.

leux, ou ce que l'on appelle un terrain fort: dans tout autre on ne pourrait pas espérer de conserver l'eau toute l'année (*). La seule inspection de la terre, et l'observation de ce qui se passe dans les sillons des champs, et ailleurs, après des pluies un peu longues, font assez connaître si le sol est de nature à retenir l'eau. Cependant si on voulait savoir d'une manière

---

(*) Il ne paraît cependant pas impossible d'établir quelques fois des réservoirs dans un terrain qui, par sa nature, ne serait point propre à retenir l'eau, ainsi que le prouve l'exemple suivant: Dans la commune de Cinisello, département de Dolona, Royaume d'Italie, on a excavé, faute d'eaux courantes, un bassin de trois hectares environ, destiné à l'abreuvage du bétail; mais comme dans cet endroit le terrain n'est point propre à retenir l'eau, étant composé en grande partie de sable et de gravier, on a remédié à cet inconvénient avec de la bonne argile, qu'on avait heureusement à peu de distance. Cette argile a été d'abord disposée en monceaux sur le fond du bassin que l'on venait de creuser; on l'a ensuite répandue uniformement, et on a ainsi formé une couche épaisse, qui à présent retient parfaitement l'eau.

La même chose a été pratiquée avec un heureux succès en plusieurs autres endroits du département susdit, où l'on donne à ces bassins le nom de *Pozze* s'ils sont petits, et de *Piscine* s'ils ont une certaine étendue, comme celui de Cinisello.

Ce fait m'a été communiqué par M. le Chevalier Bossi, Conseiller d'Etat du Royaume d'Italie.

un peu précise la quantité d'argile, ainsi que des autres terres, qui entrent dans la composition d'un terrain labourable, on pourrait employer le procédé que M. le professeur Giobert a proposé aux amateurs d'agriculture dans les vol. 5 et 6 de la Société d'agriculture de Turin (*), et dans le *Calendario georgico* de la même Société pour l'année 1791. On y verra avec satisfaction une manière fort simple de connaître la fertilité d'un terrain dépendante de la proportion des terres élémentaires dont il est composé.

Quant à la disposition que doit avoir le sol, pour qu'on y puisse établir utilement un réservoir, en général elle doit être telle que la déclivité des terres voisines y amène naturellement les eaux, ou qu'on puisse les y amener en y pratiquant des rigoles. Après cela il ne s'agit plus que d'entretenir les eaux moyennant des chaussées dont le nombre et la direction

(*) „ Ricerche chimiche, ed agronomiche intorno agli ingrassi, ed ai terreni, fatte per determinare i mezzi più facili, più sicuri, ed i più economici per supplire al difetto degli ingrassi, adattati alla diversa natura delle terre in Piemonte del Professore Gio. Antonio Giobert ». Cet ouvrage a remporté le prix de la Société d'Agriculture.

dépendent des différentes circonstances de la localité. En général les endroits qui se prêtent le mieux à la construction des réservoirs artificiels sont ceux qui sont mitoyens entre la plaine et les collines: la légère irrégularité du sol offre souvent des sites, où l'on peut faire des réservoirs avec une dépense très-modique.

La position la plus heureuse est celle qui est formée par le rapprochement de deux petits côteaux; puisqu'alors pour faire le réservoir on n'a qu'à construire une seule chaussée transversale AB joignant les deux côteaux AC, BE. *Voyez planche* 1.re *fig.* 1.re Cette construction est la plus simple, et la moins coûteuse possible; mais on n'a pas toujours un local aussi favorable, qui présente une petite gorge formée par deux côteaux sensiblement parallèles entre eux: il arrive même le plus souvent que le sol n'a que deux inclinaisons: celle indiquée par le cours naturel des eaux, et une autre dans le sens latéral formée par un seul côteau; pour lors le côteau qui manque doit être remplacé par une chaussée latérale BC, outre la transversale AB. Voyez *planche* 1.re *fig.* 2.

Le cas enfin qui est le moins favorable pour cette espèce de construction, est celui où le terrain destiné à être converti en réservoir serait uniformément incliné dans un seul sens.

Dans ce cas on ne peut retenir l'eau sans construire trois chaussées, une transversale AB (*planche* 1.re *fig.* 3.), et deux latérales BC, AD ; à moins que l'on aimât mieux former une seule chaussée en fer à cheval, ou en arc de cercle, ce qui dépend en partie du goût du propriétaire, et en partie des circonstances de localité qu'on ne peut ni prévoir ni détailler.

A ces trois cas dont on vient de parler, on doit en ajouter un quatrième qui est même le plus ordinaire : il arrive presque toujours que dans les endroits où les éminences ne sont pas assez fortes pour former des collines proprement dites, le sol présente une espèce d'ondoyement, par suite duquel il se trouve différemment incliné en plusieurs sens à-la-fois. Lorsque cela a lieu il n'est point difficile, avec un peu de réflexion et d'habitude, de donner aux bords du réservoir une direction telle que le plus grand nombre des petites éminences du terrain soit compris dans les chaussées, dussent-elles être en zig-zags. De cette manière pour achever les bords du réservoir on n'a qu'à remplir les creux qui séparent ces éminences, ou crêtes, et ce remplissage peut se faire ou en baissant ces crêtes si elles ont une élévation plus grande que celle que l'on compte donner aux chaussées, ou bien en y transportant de la terre de quelque endroit qui soit le plus près possible.

Il serait fort utile de pouvoir comprendre dans l'enceinte du réservoir un de ces gros ruisseaux creusés naturellement par les eaux pluviales qui viennent de loin ; car par l'introduction de ce ruisseau on aurait moins à craindre de manquer d'eau, le réservoir serait plus tôt rempli, et dès que les eaux y auront atteint la hauteur requise elles s'échapperont par le déversoir dont il sera parlé au §. 4, en reprenant leur cours naturel. On pourrait également profiter du voisinage d'un torrent, pour en dériver un ruisseau, qui lors des grandes pluies ou des orages fournirait abondamment l'eau au réservoir : dans ce cas on doit établir une porte d'écluse à l'origine du ruisseau, pour fermer l'entrée aux eaux du torrent, dès que le réservoir en aurait une quantité suffisante.

Lorsqu'on a déterminé à-peu-près l'emplacement du réservoir, ainsi que le nombre et la direction des chaussées, on doit songer à l'endroit où l'on prendra la terre pour les construire. Dans la plus-part des lieux qui admettent ces sortes de constructions, il y a toujours des petites éminences que l'on est bien aise d'abaisser, parce qu'elles sont toujours peu productives : cet abaissement aura donc le double avantage d'améliorer les terrains labourables, et de fournir la terre pour les chaussées.

Dans le pays où le sol est plus uni et ne présente qu'un plan légèrement incliné, on peut prendre la terre dans l'intérieur même du réservoir, pourvu que ce ne soit aux endroits qui avoisinent la chaussée transversale. La raison de cette précaution est facile à saisir: ces réservoirs, comme on a déjà pu le remarquer, ne sont point creusés dans la terre, les eaux reposent immédiatement sur la surface du sol, et ne sont retenues que par les chaussées qui s'élèvent alentour : or, si l'on creuse le terrain près de la chaussée transversale, où il est déjà naturellement plus bas, l'eau qui occupera ce creux sera entièrement perdue pour l'arrosement, puisqu'elle devrait monter pour sortir du réservoir ; au lieu que dans l'extrémité du réservoir, qui est opposée à la chaussée transversale, le sol se trouvant nécessairement plus élevé, on ne risque rien à le creuser ; pourvu que l'on n'aille pas plus bas que la base de la chaussée transversale, qui est le vrai fond du réservoir.

A ce que l'on vient de dire jusqu'ici touchant la disposition du sol, on doit ajouter les considérations suivantes :

1.° Lorsque l'endroit choisi pour le réservoir réunit les conditions ci-dessus énoncées, il faut de plus s'assurer si l'eau que l'on pourra recueillir ordinairement chaque année est en assez grande quantité pour pouvoir arroser les prés au moins deux fois pendant l'été.

2.° Le propriétaire qui serait dans le cas de profiter des eaux pluviales provenantes des terres qui ne lui appartiennent pas, doit chercher à connaître si son voisin ne pourrait pas détourner les eaux ou par envie, ou par son intérêt. Si le réservoir est bien placé cet inconvénient ne doit point avoir lieu, car personne ne cherche à retenir l'eau qui s'écoule des champs lors des longues pluies ou des orages : au contraire on est bien aise d'en favoriser l'éloignement.

3.° Quelque convenable que soit un endroit pour faire un réservoir, l'entreprise en serait hasardée, et même ruineuse, si le propriétaire n'a pas inférieurement une quantité suffisante de terres arrosables; parceque l'augmentation du foin que lui donnerait l'arrosement, ne pourrait pas suffire pour compenser les frais de construction des chaussées, et des ouvrages en maçonnerie dont il sera parlé au §. 5. Il est donc prudent de ne point s'engager à construire un réservoir si l'on n'a pas des prés arrosables dont l'étendue soit pour le moins le double de celle du réservoir, soit que la prairie ne forme qu'une seule pièce, soit qu'elle résulte de différentes pièces séparées les unes des autres.

§. III.

Nivelement du terrain.

Ce que l'on vient de dire paraît plus que suffisant pour donner une idée exacte des conditions qu'exige le sol que l'on veut changer en réservoir; mais avant d'en venir à la construction, il faut bien consulter le niveau. C'est par son moyen, qu'on parvient à connaître la hauteur qu'aura l'eau dans le réservoir, quelle étendue de terrain en sera recouverte, en plaçant la chaussée transversale dans un endroit donné, et quelle est par conséquent la position et l'élévation que doivent avoir les chaussées. La surface et la hauteur de l'eau qui sera contenue dans le réservoir sont deux élémens très-essentiels à connaître; puisque ce sont eux qui doivent apprendre quelle est l'étendue des prés que l'on pourra arroser, et quels sont les points du sol sur lesquels on pourra diriger l'eau, malgré leur élévation au-dessus du fond du réservoir.

Ce n'est point ici le lieu de donner la théorie et la pratique du niveau : on peut à cet égard consulter les différents ouvrages que l'on a sur cette matière, entr'autres le *traité du nivelement* de *Picard* et celui de *Lefèbvre* capitaine ingénieur du Roi de Prusse. Je dirai seulement que voulant déterminer l'élévation de deux points A et B, on place le niveau à un endroit quelconque, d'où l'on puisse voir ces deux points. De cet endroit l'opérateur commence à viser par ex. au point A, tandis qu'un assistant y tient perpendiculairement une règle ou toise divisée en pieds et en pouces, ou en telles parties que l'on voudra ; sur laquelle il fait glisser un morceau de papier, jusqu'à ce que, averti par l'opérateur, il le fixe à l'endroit de la règle où va aboutir le rayon visuel qui passe par le plan de l'eau contenue dans les deux verres du niveau, en tenant compte du nombre de la division indiqué par le morceau de papier : on en fait de même relativement au point B, et ces deux nombres soustraits l'un de l'autre donnent la différence de l'élévation des deux points A et B.

J'ajouterai encore que la pratique de cet instrument n'étant ni longue, ni difficile, tous les amateurs d'agriculture devraient se piquer de la connaître, sur-tout ceux qui peuvent être dans le cas de construire des réservoirs, afin de pouvoir faire par eux-mêmes les opérations nombreuses et souvent répétées, qui en doivent précéder, accompagner et suivre la construction, ainsi que les autres travaux de l'arrosement.

La première opération qu'il faut faire est de niveler l'emplacement du réservoir de haut en bas, c'est-à-dire depuis le point le plus bas de la chaussée transversale jusqu'au point le plus élevé dans la partie opposée; la différence de niveau de ces deux points donne exactement la hauteur qu'aura l'eau du réservoir près de la chaussée transversale, où la hauteur de l'eau est la plus grande. Ainsi soit A (*planche* III. *fig.* 5), la partie du réservoir qui est opposée à la chaussée transversale, et qu'on a coûtume d'appeler la queue du réservoir, soit BC l'endroit où je suppose que l'on placera la chaussée transversale, la ligne DE qui représente la différence de niveau des deux points A et D, représente en même tems la hauteur qu'aura l'eau dans le réservoir, si on fait la chaussée suffisamment élevée, puisque, comme l'on sait, la surface des liquides se place toujours dans un plan horizontal AE, c'est-à-dire parallèlement à l'horizon.

Si la hauteur DE que l'on vient de trouver

est trop grande, on répétera l'opération en supposant la chaussée plus près du point A, par ex. en MN; si au contraire on la juge trop petite, on éloignera la chaussée du point A, en la supposant par ex. en QT; dans le premier cas la hauteur de l'eau ne sera que GH, dans le second elle sera égale à la ligne FV.

Je dois remarquer ici que le point A, ou la queue du réservoir, doit être placé autant que possible à l'endroit le plus élevé du plan incliné que forme le sol, et on doit régler ensuite la distance de la chaussée transversale, suivant l'étendue que l'on veut ou que l'on peut donner au réservoir, et suivant la hauteur de l'eau que l'on se propose d'obtenir: car de cette manière toute la masse de l'eau étant dans un plan plus élevé, il y aura un plus grand nombre de points inférieurs qui pourront être arrosés.

Il faut aussi faire attention que la masse ou la quantité totale de l'eau du réservoir dépend de sa hauteur et de son étendue: ainsi on donnera au réservoir une étendue d'autant plus grande que la hauteur de l'eau sera moindre, et réciproquement, en réglant toujours la quantité d'eau d'après la quantité de terrain que l'on veut convertir en prés. La quantité d'eau nécessaire à l'arrosement d'une étendue donnée de prés doit être nécessairement assez variable suivant la nature du terrain, selon la distance des prés et le nombre des détours que l'eau doit faire pour y arriver, et en raison du nombre des fois que l'on arrosera, nombre qui est lui-même dépendant du climat et des vicissitudes des saisons. On peut cependant établir comme une règle assez générale qu'à surface égale d'eau et de pré il faut un décimètre d'eau pour chaque arrosement, c'est-à-dire, si on a par ex. un hectare d'eau et un hectare de pré, à chaque fois que l'on arrose le pré, l'eau baisse environ d'un decimètre dans le réservoir.

La hauteur qu'aura l'eau dans le réservoir étant déterminée, on saura également par le moyen du niveau quels sont les endroits du terrain environnant qui pourront être arrosés, et quelle est la quantité d'eau qu'ils pourront recevoir. Ainsi, en supposant la hauteur de l'eau du réservoir de deux mètres, tous les prés élevés d'un mètre et demi au-dessus du fond du réservoir pourront recevoir un demi mètre d'eau : ceux élevés d'un mètre pourront recevoir un mètre d'eau, etc.; enfin la dernière goutte d'eau pourra être dirigée sur les terrains dont le plan est plus bas que celui du fond du réservoir. Il est peut-être inutile de remarquer que les prés les plus élevés doivent être arrosés les premiers, afin de profiter successivement de la plus grande hauteur de l'eau.

Ce que l'on vient de dire jusqu'ici fait assez connaître toutes les autres opérations qu'il faut faire avec le niveau, soit pour distribuer convenablement les rigoles destinées à l'arrosement, soit pour régler le cours du fossé de décharge qui doit servir à vider entièrement le réservoir, soit enfin pour donner autant que possible aux prés une inclinaison douce et uniforme, sans quoi les eaux, en s'écoulant trop rapidement, emporteraient l'engrais qu'on y aurait répandu. Nous allons donc parler de la formation des chaussées.

§. IV.

Formation et dimensions des chaussées. Déversoir.

Lorsque l'observation jointe au nivelement fait voir qu'un endroit est propre à être réduit utilement en réservoir, on peut procéder à la formation des chaussées. Le tems le plus propre pour cette opération est la fin de l'automne, lorsque les travaux ordinaires de la campagne sont terminés, et même l'hiver, si une trop grande quantité de neige, ou une trop forte gelée ne l'empêchent. Dans cette saison les bœufs demeurent long-tems oisifs dans les étables, et si le propriétaire qui veut entreprendre une semblable construction est assez lié avec ses voisins (*), ils ne se refuseront pas à concourir à ses travaux, en lui envoyant leurs charrettes sans autre condition que de nourrir les bœufs et le bouvier. C'est au moins ce qui se pratique en Piémont à l'endroit où j'ai dit au commencement que se trouvent ces sortes de constructions rurales dont l'usage commence tellement à se répandre, qu'on en fait de nouvelles presque chaque année.

Ces moyens auxiliaires, joints à ceux du propriétaire, le mettront dans le cas d'achever ses travaux pendant l'automne et l'hiver, à moins que le projet de construction ne soit si vaste qu'il exige un bien plus long tems pour être achevé. Cependant le propriétaire qui aurait

---

(*) Ceci est praticable sur-tout en Piémont, où presque chaque possession, lorsqu'elle n'est pas trop près des lieux habités, a sa maison rustique particulière, accompagnée presque toujours de la maison civile, si le maître n'est point homme de campagne; ce qui est un avantage inappréciable pour l'agriculture piémontaise.

a sa disposition de grands moyens pour accélérer les travaux des chaussées, ne doit pas s'y livrer avec trop de précipitation, car en introduisant les eaux dans un réservoir, dont les chaussées n'ont point encore pris leur assiette, il arrive assez souvent que les eaux suintent des chaussées, ce qui les dégrade dès le commencement; il est bien vrai que l'on obvie à cet inconvénient en foulant successivement la terre avec des hies: mais la fermeté qu'acquiert la chaussée par ce moyen, n'égale jamais celle que lui donne le tems par l'affaissement naturel de la terre. Un intervalle d'environ huit mois parait suffire pour qu'une chaussée ait la solidité convenable pour empêcher toute infiltration de l'eau.

Avant que de travailler directement à la construction des chaussées on doit faire les opérations suivantes :

1.° On doit ménager une sortie aux eaux pluviales qui pourraient survenir dans le tems des travaux: les eaux ne doivent point être retenues, que le réservoir ne soit entièrement achevé, et les chaussées bien affermies.

2.° Pour que les chaussées aillent droit, il est bon de les tracer d'avance avec le cordeau: on aura ainsi l'agrément d'une plus grande régularité. Il arrive quelquefois que l'emplacement demande une seule chaussée en arc de cercle: pour lors il faut également la dessiner sur le terrain avec le cordeau dont on promène une des extrémités sur le sol, tandis que l'autre tient à un pieu planté dans le centre.

3.° Sur toute la ligne qu'occupera la chaussée, on doit faire un fossé de la profondeur d'environ un demi-mètre, puis le remplir de nouveau avec la même terre, et y élever la chaussée dessus; on appelle ce fossé le fondement de la chaussée. Sans cette précaution le sol hérissé de mauvaises herbes, et encombré de leurs racines jusqu'à une certaine profondeur, ne ferait pas assez corps avec la terre nouvellement transportée, et l'eau suinterait de la base même de la chaussée. L'agriculture doit cette remarque importante à M. Louis Lionne.

Les précautions que l'on vient d'indiquer étant prises, on travaillera à former les chaussées, en commençant par la transversale dont l'élévation doit régler celle des chaussées latérales, si le local en demande. La hauteur de cette chaussée doit surpasser au moins d'un demi-mètre celle de l'eau dans le réservoir, à fin que l'eau agitée par le vent ne puisse point surmonter la chaussée, et la dégrader; ainsi par ex. si la hauteur de l'eau est de 2 mètres, celle de la chaussée transversale sera de 2, 5 mètres ; et pour qu'elle conserve cette hauteur il faut lui en donner une d'environ 3 mètres, pour compenser l'affaissement qu'éprouve la terre nouvellement transportée. Si la chaussée a deux mètres et demi d'élévation perpendiculaire AB (*planche* III. *fig.* 6), elle doit en avoir autant à sa partie supérieure AC et sa base DE doit avoir environ 7 mètres et demi; c'est-à-dire, qu'en général la chaussée doit être aussi large à sa partie supérieure qu'elle est élevée au-dessus du sol, et sa base doit être environ trois fois plus grande. Quant aux chaussées latérales, s'il y en a, la largeur en doit être la même que celle de la chaussée transversale, mais la hauteur doit nécessairement diminuer à mesure qu'elles s'avancent dans la partie plus élevée du sol, à fin que leur partie supérieure reste toujours dans un plan horizontal.

J'ai suffisamment parlé dans le §. précédent des endroits qui doivent fournir la terre pour la construction des chaussées. J'ajouterai seulement ici que dans cette opération les charrettes à bœufs sont du plus grand secours, et qu'elles doivent être préférées, autant que possible, à tout autre moyen de transport.

Nous venons de voir que les chaussées doivent être élevées d'environ un demi-mètre au-dessus de la surface de l'eau; c'est-à-dire que les eaux du réservoir ne doivent jamais dépasser la hauteur qu'on leur a d'abord assignée. Or pour atteindre ce but on doit ménager un moyen de décharge qui prévienne tout débordement, en donnant une libre issue aux eaux surabondantes à mesure qu'elles entrent dans le réservoir; ce que l'on obtient moyennant le *déversoir*; à cet effet, dans un endroit convenable, et sur une longueur de trois ou quatre mètres environ, on réduit la chaussée à la même hauteur que doit avoir l'eau, et on y fait un plan en maçonnerie un peu incliné en déhors, dont l'effet est de déterminer le niveau constant des eaux. Extérieurement et jusqu'à la distance de quelques mètres de ce plan incliné il doit y avoir un pavé, afin que l'eau en tombant n'entraîne point la terre, et ne dégrade pas la base de la chaussée (*). Dans les réservoirs, où l'entrée des eaux est déterminée par un seul canal ou ruisseau, on peut régler la hauteur de l'eau en établissant, à l'endroit supérieur du réservoir, une porte d'écluse que l'on ferme aussitôt qu'il y a assez d'eau dans

---

(*) La fig. 4, pl. II représente la coupe du déversoir.

le réservoir. La première entre ces deux sortes de déversoirs paraît la meilleure.

Les chaussées étant achevées, on pourra, sur les deux bords supérieurs, et sur leur penchant extérieur, faire des plantations de chênes, d'ormeaux, de peupliers, etc., dont les racines empêcheront de plus en plus les éboulemens de la terre, tandis que leur branchage épais offrira en peu d'années une promenade ombrageuse et agréable. Je sais que dans certains pays le préjugé s'est fortement déclaré contre ces plantations; je sais que l'estimable *Rozier* les a condamnées comme très préjudiciables aux chaussées; mais il n'est pas moins vrai pour cela, qu'en apportant dans cette opération les précautions que l'on va indiquer, ces arbres n'auront rien de nuisible au maintien de la chaussée. Ces précautions consistent à ne laisser venir en plein vent que les arbres plantés extérieurement et au bas de la chaussée: parcequ'alors, les racines tenant à la terre ferme, les arbres ne risqueront point d'être renversés par le vent, ce qui sûrement dégraderait la chaussée. Quant aux autres arbres plantés sur le penchant extérieur de la chaussée, et sur son bord supérieur interne, on aura soin de les élaguer régulièrement, et de les tenir constamment dans cet état, afin que les vents n'aient point de prise sur eux. Ce procédé a été pratiqué avantageusement par M.r *Villa* à son réservoir, dont il est parlé au §. I. Ses chaussées bien boisées subsistent depuis plus de vingt ans. Une plantation faite de cette manière résistera donc infailliblement au souffle des vents, abstraction faite de ces ouragans extraordinaires dont l'impétuosité ne saurait être domptée par les efforts réunis de tous les hommes : on sait combien sont faibles les obstacles que l'homme peut opposer à la nature lors qu'elle est en courroux.

Ces arbres dont on aura garni les chaussées n'auront pas le seul avantage de procurer une ombre précieuse dans la saison brulante, et de former avec une disposition un peu soignée, un tableau très-agréable, et vraiment pittoresque; mais elles apporteront de plus un produit assez considérable; car la taille des branches fournit le bois pour la vigne; et rien n'empêche d'abattre en son tems quelques-uns de ces arbres pour le chauffage, ou pour en tirer du bois de construction.

Avant que de terminer cet article je ne puis me dispenser d'indiquer un autre avantage de ces rangées d'arbres qui bordent presqu'entièrement les eaux du réservoir: celui d'en empêcher la diminution que pourrait causer la trop grande évaporation ; car c'est un fait que l'eau d'un récipient quelconque s'évapore d'autant moins, que les bords du récipient s'élèvent d'avantage sur la surface de l'eau ; or ces arbres épais, qui sont plantés dans les chaussées et font corps avec elles, représentent des parois fort élevées dont l'effet doit être de diminuer considérablement l'action de l'air et de la chaleur, qui sont les causes principales de l'évaporation.

Je vais essayer d'évaluer par un calcul d'approximation la quantité d'eau que l'évaporation peut enlever d'un réservoir d'une étendue donnée. Il résulte des observations atmidomètriques, rapportées dans les *Annales de l'observatoire de l'Académie de Turin*, publiées par M. le Professeur Vassalli-Eandi, que l'évaporation de l'année 1809 a été sur la plate-forme de l'observatoire de 1. 26 mètres (3 pieds, 10 pouces, 9 lignes et demie); l'atmidomètre employé à l'observatoire ayant deux décimètres de côté, la surface de l'eau qui y est contenue est de 0. 04 mètres carrés; la masse d'eau emportée par l'évaporation a donc été de 0. 0504 de mètre cube ; d'où l'on conclut que sur la surface d'un hectare (2 journaux, 63 tables ancienne mesure de Piémont) la masse d'eau évaporée en 1809 (les autres circonstances d'ailleurs étant égales) a dû être de 100 mètres cubes, qui font cent-mille kilogrammes en poids : on voit donc que l'évaporation qui paraît insensible d'un jour à l'autre, est très-considérable dans l'année. Il est vrai que cette perte d'eau peut être réparée par la pluie, mais il n'y a pas toujours une entière compensation ; c'est au moins ce qui est arrivé en 1809 où l'atmidomètre de l'observatoire a donné 126 centimètres d'eau évaporée, tandis que l'udomètre n'a donné que 85 centimètres de pluie tombée pendant l'année. On doit en outre remarquer qu'il y a souvent des mois entiers de sécheresse, pendant lesquels l'eau évaporée n'est point du tout remplacée.

§. V.

Distribution des eaux pour l'arrosement.

Le moyen de distribuer convenablement les eaux du réservoir pour l'arrosement des prés est un objet de la plus grande importance : c'est la partie qui exige le plus de soins et d'intelligence ; et toute méthode, que l'on pourra imaginer à cet effet, sera inutile, si elle ne réunit les conditions suivantes, savoir :

1.° La plus grande solidité possible jointe à un degré suffisant de simplicité.

2.° Une exacte économie de l'eau.

3.° Une disposition telle à pouvoir arroser les prés qui seraient même plus élevés que le fond du réservoir.

La première de ces trois conditions est indispensable pour les paysans. La seconde exclut l'emploi des écluses, et de tout autre moyen analogue; car il est impossible de les adapter si bien dans leurs rainures, que l'eau ne s'échappe plus ou moins, ce qui au bout de l'année ferait une perte d'eau fort considérable. La troisième condition enfin rend inutiles pour notre cas les deux procédés rapportés par Rozier, et qui sont en usage dans quelques Départemens de la France. On y construit (*) un conduit en maçonnerie qui traverse la chaussée à l'endroit le plus bas de l'étang: l'extrémité du conduit qui aboutit à l'intérieur de l'étang est fermé par une porte, qui glisse dans une rainure pratiquée dans le conduit même: ailleurs c'est une pièce de bois de chêne, arrondie à sa base, et qui tombe

(*) Cours complet d'Agriculture par Rozier au mot *étang*.

perpendiculairement dans un trou de même forme; lorsque ce trou n'est pas fermé par cette *bonde*, l'eau y passe, et sort par l'autre extrémité du conduit. Dans ces deux procédés l'eau au sortir du conduit est déjà plus basse que le fond de l'étang: elle ne peut donc être dirigée que sur des endroits plus bas que ce fond, ce qui est assez pour un étang d'où l'on ne tire l'eau que pour le vider, afin de mettre à sec le poisson. Mais lorsqu'il s'agit d'un réservoir, dont le premier but est l'arrosement des prés dans des pays où le sol est plus ou moins irrégulier, il faut un artifice, moyennant lequel on puisse tirer parti non seulement de la masse d'eau, mais aussi de son élévation, afin de pouvoir arroser les divers endroits où le terrain serait plus élevé que le fond même du réservoir.

Dans les endroits, où existent ces sortes de réservoirs artificiels, les propriétaires, pour y bien retenir l'eau, et la distribuer utilement, pratiquent deux méthodes fort ingénieuses que je vais faire connaître dans les paragraphes suivans.

§. VI.

Première méthode. Les robinets.

Cette méthode n'est pratiquée qu'au réservoir de Ternavasio, où le propriétaire (M.r Blancardi-Roero-de-la-Turbie) qui l'a imaginée, et qui le premier a introduit dans le Piémont l'usage de ces réservoirs artificiels, n'a rien épargné pour joindre à l'utilité et à l'exactitude l'agrément et la magnificence. Dans ce réservoir, l'eau est retenue par une digue en maçonnerie, et elle est distribuée par le moyen de gros robinets formés avec un gros tube AB (*planche* III, *fig.* 7) de bronze d'une forte épaisseur, percés d'un trou C dans la direction perpendiculaire à l'axe du tube. Ce trou qui a une forme légèrement conique reçoit la clef D (*fig.* 8), dont la forme est un cône tronqué portant un trou perpendiculaire à l'axe, et de 26 centimètres environ de diamètre.

Deux ou trois de ces robinets sont enchâssés dans la digue à des élévations différentes, qui répondent aux divers plans du terrain qui doivent être arrosés. Une extrémité B de ces robinets communique avec l'eau du réservoir, l'autre extrêmité A répond à autant de conduits qui traversent la digue et vont aboutir à des rigoles destinées à conduire les eaux. La partie supérieure de la clef D est solidement attachée à une grosse barre de fer EF qui, soutenue perpendiculairement par des agrafes plantées dans le mur, arrive à la hauteur de la digue, d'où avec une manivelle horizontale on fait tourner la barre sur elle-même pour ouvrir et fermer le robinet.

On ne peut assurément refuser à cette méthode le mérite d'une grande précision et d'une élégante simplicité : elle a même un avantage que ne saurait avoir aucune autre méthode connue, en ce que le mouvement de la clef se faisant circulairement et dans le même plan, il n'est qu'insensiblement affecté de l'énorme pression de l'eau superposée, ainsi qu'il arrive dans l'emploi des *bondes*, des *pistons*, etc. où il s'agit de soulever une pièce contre la direction de la pression de l'eau. Cependant il y a dans cette méthode un inconvénient qu'on ne saurait éviter et qui paraît assez grave pour mériter l'attention des propriétaires qui voudraient l'adopter: c'est la forte dépense qu'exige la construction de ces énormes robinets, soit à cause du prix du métal, soit à cause des soins qu'ils exigent de la part de l'ouvrier, pour leur donner cette justesse qui en fait tout le mérite.

Si ces robinets étaient destinés à être sans cesse en mouvement, il y aurait bien un autre inconvénient dans leur emploi, en ce que ils s'useraient assez promptement par l'effet des molecules terreuses entraînées par le courant, au point de laisser suinter l'eau; mais toute crainte raisonnable est dissipée à cet égard dès que l'on fait attention que la clef du robinet ne doit tourner tout au plus que cinq à six fois par an.

Ceux qui voudraient adopter cette méthode, seront, peut-être, bien aises de trouver ici quelques renseignemens qui ne leur seront point inutiles, et quelques précautions à prendre dont la nécessité a été démontrée par l'expérience:

1.° Chaque robinet doit être placé dans le mur bien horizontalement et dans la vraie direction du canal en maçonnerie destiné à la conduite des eaux.

2.° Le robinet doit être bien enfermé dans le mur, sans qu'il y ait le moindre vide entre le mur et le métal.

3.° Le meilleur mortier pour cette opération est celui qui est fait avec de la chaux maigre, mêlée avec de la pouzzolane bien pilée et tamisée, le tout passé à un crible de fer très-fin, à l'effet d'enlever toute pierre ou autre matière dure qui pourrait se trouver dans la chaux et qui nuirait à l'exactitude de l'opération.

4.° Il faut fixer dans le mur de la digue un signe permanent dans la direction de la manivelle, lorsque le robinet est fermé, et un autre signe auquel répond également la manivelle, lorsque le robinet est ouvert, afin de savoir au juste si le robinet est ouvert ou fermé, ou s'il n'est que dans une position intermédiaire.

L'homme de campagne que l'on chargera d'ouvrir et de fermer les robinets doit apporter dans le mouvement de la manivelle la plus grande uniformité, en évitant toute secousse.

5.° La vîtesse de l'eau qui sort par le robinet étant dépendante de la *charge d'eau*, c'est-à-dire, de la hauteur qu'elle a dans le réservoir, il s'en suit que les quantités absolues d'eau, qui sortent dans un tems donné à différente époque de l'année, ne sont point égales entr'elles ; mais si on veut les rendre telles on n'a qu'à régler l'ouverture des robinets, c'est-à-dire, qu'on les ouvre successivement d'avantage à mesure que la hauteur de l'eau diminue dans le réservoir, jusqu'à les ouvrir entièrement aux derniers arrosemens, lorsqu'il n'y a plus que très-peu d' eau dans le réservoir. Les degrés successifs de cette ouverture peuvent être réglés par le moyen des signes dont il est parlé au numéro précédent.

6.° Lorsqu'il s'agira d'un réservoir dont l'eau aura une hauteur de plus de trois mètres, il est convenable de construire hors de la digue un canal en maçonnerie de deux ou trois mètres, destiné à verser dans les rigoles l'eau qu'il reçoit du conduit qui traverse la ligne; mais ce canal doit être d'un tiers au moins plus large que le conduit, afin d'empêcher le débordement de l'eau causé par la vîtesse du courant lorsque le réservoir est plein.

Nous venons de voir que les robinets en bronze fournissent un moyen fort commode et très-sûr pour entretenir et distribuer l'eau des réservoirs, et que le seul inconvénient en est la forte dépense ; or comme tous les propriétaires ne seront pas disposés à faire cette dépense, je passerai à indiquer une autre méthode que suivent les propriétaires des réservoirs que j'ai si souvent cités : méthode qui est aussi fort ingénieuse, très-simple et beaucoup moins coûteuse, et dont je vais donner la déscription dans tous ses détails.

§. VII.

Seconde méthode. Les Pistons.

Cette méthode a été imaginée et pratiquée pour la première fois par M.r Villa à son réservoir du *Colombier*, dont il a été parlé au §. 1. C'est un ouvrage en maçonnerie, construit dans la chaussée transversale à l'endroit où le réservoir est le plus bas, et que j'appelle le fond du réservoir. Dans cette construction il y a deux pièces principales, dont la description doit précéder celle de toutes les autres. La première de ces deux pièces est un plan carré de marbre A (*planche* III, *fig.* 10) de cinq à six décimètres de côté, sur une épaisseur d'un décimètre plus ou moins, ayant dans son centre un trou circulaire d'un diamètre proportionné à l'étendue du réservoir, et à la quantité de prés que l'on se propose d'arroser : un diamètre de deux décimètres environ est suffisant pour un réservoir de plusieurs hectares. Ce plan doit avoir une de ses faces parfaitement bien unie, mais il n'est point nécessaire qu'il soit poli : je pense même que le poli dans ce cas serait plus nuisible qu'utile.

La seconde pièce est une pierre BC (*fig.* 9)

qu'on a coutume d'appeller le *piston*, et à qui j'ai cru devoir conserver ce nom quelqu'impropre qu'il est. C'est une pyramide tronquée de la hauteur de deux empans plus ou moins: les dimensions de la base peuvent être égales, même plus petites que celles indiquées ci-dessus pour le plan de marbre. Au milieu des deux cotés latéraux opposés de la pyramide sont deux anses de fer (*g h*) fixées profondement dans la pierre, et au centre (E) de sa face supérieure il y a un gros anneau de fer enchassé dans la pierre, auquel on attache une chaîne qui va s'envelopper sur un tour. La base de la pyramide, ou du piston, est garnie d'une forte planche B *d f* de bois de chêne, à laquelle on a adapté auparavant un cuir épais, bien graissé, fortement tendu et cloué sur ses côtés, ou mieux encore sur sa face opposée: il est bon d'employer des clous de cuivre parcequ'ils résistent d'avantage à l'action oxidante de l'eau. Quoique le cuir soit d'abord fortement tendu, au bout d'un certain tems l'eau le ramollit au point qu'il fait quelque-fois une poche au milieu: mais on obvie à cet inconvénient avec un clou planté dans le centre de la planche, qui en répondant au centre du trou du plan de marbre n'empêchera point l'adhérence que le piston doit avoir avec ce même plan. Cette planche est assujettie à la base du piston par le moyen des lames en fer *l m*, *o n*, etc. dont les extrémités sont repliées et clouées dans la planche au-dessous du cuir (*).

Les deux pièces que l'on vient de décrire sont vues à leur place dans la *fig.* 12, *planhe* IV qui représente la coupe de l'ouvrage entier; (*a b c d*) est la coupe de la chaussée: *c d* son penchant ou talus intérieur, c'est-à-dire, qui regarde l'eau du réservoir que nous supposerons arriver à la hauteur (*f*): (*d f c h*) est une petite tour carrée en bonne maçonnerie (**) de deux mètres environ de côté: son fond est garni au milieu de la pièce carrée (*e*) de marbre dont on a parlé plus haut, avec son trou circulaire, que la pierre

---

(*) Le plan carré A devant être bien uni, on le fait de marbre par la facilité que l'on a de le tailler et de le polir; mais le piston est ordinairement de Gneiss (sarizzo di Cumiana) dont la pésanteur spécifique étant plus grande que celle du marbre, présente l'avantage d'un plus grand poids sous un moindre volume.

(**) Dans cette construction on doit employer cette variété de chaux que l'on nomme *maigre* (en Piémont on l'appelle *forte*) et qui contient un peu d'oxide de fer ou de manganèse: le mortier qui en résulte est très-solide et a la propriété assez singulière de se durcir promptement quoiqu'employé sous l'eau.

(p) est destinée à fermer. Ce trou circulaire (e) répond à l'extrémité du conduit qui se trouve au-dessous. Ce conduit traverse la chaussée à sa base, et aboutit en (i) au puisard carré ($a\ q\ m\ n$); la face $m\ n$ de ce puisard, et les deux autres adjacentes ont chacune un trou rond n, n', n'', un peu évasé en déhors, et de trois décimètres environ de diamètre : ces trous sont pratiqués dans une pierre tendre quelconque à grain fin, enchassée dans le mur, et ils sont placés à différentes élévations. (Ces trois trous sont représentés en n, n', n'' dans le plan du puisard, *fig.* 11). Le plus élevé (n'') est plus ou moins au-dessous de la ligne ($f\ t$) qui représente le *maximum* de la hauteur de l'eau dans le réservoir : il sert à arroser les prés qui seraient assez élevés pour ne pouvoir être arrosés par l'eau du trou (n'); le troisième (n) placé immédiatement au-dessus du fond du puisard, donne l'eau aux prés les plus bas, lorsque par la diminution successive de l'eau les deux premiers trous sont hors de service : ce même trou sert en même tems à vider entièrement le réservoir à la fin de l'automne, lors de la pêche générale.

La position soit absolue, soit respective de ces trois trous dépend de la hauteur de l'eau que peut contenir le réservoir, et de l'étendue des prés qui se trouvent dans les différens plans correspondans; ce qu'on a dit au § 3, pag. 29 peut servir de règle générale applicable à tous les cas particuliers. Il faut seulement remarquer qu'il y a souvent des positions où le trou (n') n'est point nécessaire, c'est lorsque l'eau que peut fournir le trou (n'') suffirait pour l'arrosement complet.

Le côté ($f\,d$) de la tour a en bas une ouverture (d) qui en fait communiquer l'intérieur avec l'eau du réservoir: cette ouverture doit avoir huit décimètres environ de hauteur, sur une largeur d'un démi mètre, afin qu'une personne y puisse entrer pour faire dans l'intérieur de la tour les réparations que le tems, ou quelqu'accident pourrait rendre nécessaires; une grille très-fine en fer ou en cuivre doit constamment fermer cette ouverture, afin d'empêcher la sortie des poissons, et d'arrêter en même tems les petites branches, les feuilles et autres corps que l'eau pourrait entraîner dans le trou et dans le conduit.

Maintenant voici de quelle manière se fait le mouvement et la distribution de l'eau. D'abord par l'ouverture (d), l'eau du réservoir communique constamment avec la tour, et elle s'y tient toujours à la même hauteur que dans le réservoir. Or si on élève le piston (*p*) l'eau passe par le trou (*e*), gagne le conduit (*e i*) et va occuper le puisard, où elle s'élève encore à la même hauteur; on peut donc la faire sortir par celui des trois trous que l'on voudra en fermant les deux autres avec des bouchons coniques de bois faits au tour (*).

Ce puisard, outre la distribution des eaux, présente encore un autre avantage. Si par hasard un cailloux, un morceau de bois, ou tout autre corps d'une certaine grosseur venait à pénétrer dans la tour lorsque le piston se trouve élevé, ou qu'un accident malheureux quelconque dérangeât le jeu du piston, le puisard fournit sur-le-champ un seoond moyen d'empêcher la perte totale de l'eau, en fermant

(*) Si ces bouchons pouvaient conserver long-tems la justesse nécessaire pour fermer exactement et avec sûreté toute issue à l'eau, au lieu de ne les employer qu'au moment de l'arrosement, on pourrait les laisser subsister toute l'année: on aurait ainsi un moyen peu coûteux pour retenir l'eau, et on pourrait se passer de la tour et du mécanisme qu'elle renferme; mais il est prouvé que ces bouchons ne retiennent l'eau que très-imparfaitement, sur-tout lorsqu'ils sont un peu usés. Cet inconvénient à part quel est le propriétaire qui voudrait vivre dans l'alarme continuelle qu'une cause quelconque, en dérangeant les bouchons, ne causât une perte d'eau qui serait, peut-être, irréparable?

ses ouvertures avec les bouchons de bois, jusqu'à ce qu'on ait remédié à l'inconvénient.

La petite tour est élevée de deux mètres environ au-dessus de la chaussée et elle est recouverte d'un petit toit pour la garantir dans l'intérieur des dégats de la pluie: en dedans et à la hauteur de la chaussée on y pratique un plancher de manière à former comme une petite chambre, dans laquelle on entre par une porte (*c*) pratiquée dans le coté de la tour qui regarde la chaussée. La chaîne à laquelle est attaché le piston traverse le plancher, et va s'envelopper sur le tour (*s*) placé dans la petite chambre à une hauteur convenable, et que l'on fait jouer avec de forts et longs leviers en fer (*). Pour plus de précaution on

(*) On recommande ici d'employer de forts et longs leviers, parce que, outre le poids du piston, ils doivent encore soulever le poids d'un prisme d'eau, dont la base est la même que celle du piston, et dont la hauteur est égale à celle de l'eau dans le réservoir. Ainsi si la base du piston est de 0. 26 de mètre carré (un pied liprand carré), et que la hauteur de l'eau dans le réservoir soit de deux mètres (4 pieds lip. environ), le poids de l'eau à soulever sera de 520 kilogr. (56 rubs environ). Si à ce poids on ajoute encore celui du piston on aura le poids total que les leviers et le tour doivent supporter; c'est pourquoi on doit tâcher de donner à toutes les parties de l'appareil la plus grande solidité possible.

peut garnir une extrémité du tour d'un fort cliquet qui empêche celui-là de se dérouler pendant qu'on élève le piston.

A côté de la tour, et sur le penchant intérieur de la chaussée on pratique un petit escalier, dont les marches peuvent être formées avec des solives enchassées dans la terre, à moins que l'on aime mieux les faire en maçonnerie. L'avantage de cet escalier est de pouvoir descendre commodément au bas de l'édifice, lorsqu'il y aurait quelques réparations à faire, et il sert en même tems à prendre les bains dans les chaleurs de l'été, avec une grande commodité, et avec toute la sécurité que l'on peut desirer: les marches, qui du plan supérieur de la chaussée se continuent jusqu'au fond du réservoir, présentent telle hauteur d'eau que l'on peut souhaiter.

Il serait bon aussi de placer à côté de la grille, et dans une position perpendiculaire une règle en bois de chêne portant des divisions quelconques peintes à l'huile: cette échelle indiquerait la juste mesure de l'eau employée à chaque arrosement.

Je souhaiterais pouvoir présenter ici aux lecteurs le calcul des dépenses qu'exige la construction des ouvrages en maçonnerie: mais les dimensions que l'on voudra leur donner influent tellement sur la dépense, et d'ailleurs le prix de la main-d'œuvre, ainsi que des différens matériaux est si variable dans les différens pays, que tout calcul à cet égard ne peut offrir qu'une faible approximation.

Je dirai plutôt quelque chose touchant la dépense des chaussées. En général le transport de la terre, en ne la supposant pas trop éloignée, ne doit pas coûter plus de 10 francs par trabuc cube, y compris la fouille, ce qui revient à 35 centimes environ, le mètre cube. Supposons maintenant une chaussée transversale de 200 mètres de longueur (65 trabucs, ancienne mesure du Piémont), dont la base soit sensiblement horizontale, et qui ait les dimensions indiquées au §. 4 (*pag.* 34), sa coupe perpendiculaire sera un trapèze de douze mètres carrés et demi de surface, qui étant multipliés par 200, donneront 2500 mètres cubes de terre, dont le transport coûtera 875 francs. La même base trapezoïdale multipliée par la longueur des chaussées latérales, s'il y en a, donnera un produit, dont la moitié en exprimera la solidité en mètres cubes, et ce dernier nombre multiplié par 30 centimes donnera le prix du transport de la terre.

Je n'ai tracé ici que la marche générale du calcul: les nombres que j'ai employé pourront être remplacés par d'autres suivant les circonstances.

§. VIII.

Modifications et perfectionnemens de cette dernière méthode.

Dans la méthode d'arrosement que l'on vient de décrire il y a une tour assez élevée d'un côté de la chaussée, un puisard assez large et profond du côté opposé, et un conduit souterrain qui en établit la communication, le tout en bonne maçonnerie, ce qui ne manque pas d'être assez coûteux; mais l'expérience apprend que la dépense de cette construction est abondamment compensée par le fort produit en foin, qui met le propriétaire dans le cas d'entretenir beaucoup plus de bétail, dont on retire des engrais abondans, outre le produit direct des vaches: il y a en outre d'autres avantages accessoires, tels que le produit du poisson, celui du bois, que l'eau fait croître plus promptement, et la commodité de pouvoir se faire un jardin potager, qui dans une métairie est toujours d'une grande utilité tant pour le paysan que pour le maître.

Dernièrement M.r l'avocat Didier-Lionne,

Maire de Carmagnole, dans la construction de son réservoir, dont on a parlé au §. 1 (*pag.* 13) a adopté le procédé des pistons, mais avec une modification que lui-même a imaginée, et qui le rend plus économique. Il supprime le puisard, et il place deux pistons dans la tour, auxquels répondent deux trous ou conduits qui restent constamment ouverts. Ces deux pistons sont à côté l'un de l'autre, mais sur deux plans différents; le plus bas est dans le plan du fond du réservoir, et sert à le vider entièrement lors de la pêche générale: l'autre piston est dans un plan qui répond à-peu-près à la moitié de la hauteur de l'eau du réservoir; ce dernier sert à l'arrosement des prés.

Cette utile modification apportée par M.r Didier-Lionne dans la méthode des pistons m'a engagé à chercher si outre le puisard l'on ne pourrait pas encore supprimer un piston, en réduisant tout l'appareil à la seule tour et à un seul piston, sans renoncer toutefois à l'avantage de pouvoir diriger l'eau sur différens plans plus ou moins élevés au-dessus du fond du réservoir. Je crois y avoir réussi de la manière suivante. La petite tour qui renferme le piston porte en bas, ainsi qu'il a été dit, l'ouverture destinée à mettre l'eau du réservoir en communication avec l'intérieur de la tour; mais cette ouverture, au lieu d'être au dessus du plan de marbre, sur lequel pose le piston, ainsi qu'on le pratique ordinairement, je la place au contraire au-dessous de ce plan, qui forme alors comme une espèce de diaphragme dans la tour; de cette manière l'eau ne peut entrer dans la tour tant que le piston pose sur le plan de marbre, dont il ferme l'ouverture circulaire qui est dans son centre: et lorsqu'on élève le piston, l'eau monte dans la tour, et sort par celui des trous, qu'on n'aura pas fermé avec le bouchon: de ces trous dans la tour on en pourra faire tant que l'on voudra, et à toute sorte d'élévation.

Dans cette méthode, le piston doit constamment résister à l'effort que fait l' eau pour le soulever, et cet effort est à la vérité assez considérable, puisqu'il est égal au produit de la surface circulaire du trou par la hauteur de l'eau du réservoir, le tout multiplié par la pésanteur spécifique de l'eau; il faut donc que le poids du piston surpasse de beaucoup celui de la colonne d'eau dont il doit vaincre l'effort: car alors une partie du poids du piston fait équilibre à la pression de l'eau, tandisque l'excédant de ce même poids presse le cuir contre le trou, et empêche l'eau d'entrer dans la tour.

Si on voulait adopter cette méthode on devrait y apporter les précautions suivantes:

1.° Une grille très-fine en fer, ou mieux en cuivre doit être placée au trou circulaire du plan de marbre à sa partie inférieure: cette grille, jointe à l'autre placée extérieurement à l'ouverture latérale de la tour, empêchera l'entrée des ordures, qui, en se déposant sur le plan de marbre, pourraient diminuer l'adhérence du piston.

2.° Le piston doit être beaucoup plus lourd qu'il ne l'est dans la méthode ordinaire. Voici quel est le poids approchant qu'il devrait avoir. Qu'on multiplie la surface circulaire du trou, exprimée en mètres carrés, ou ses parties, par la hauteur de l'eau du réservoir, exprimée aussi en mètres: qu'on multiplie encore ce produit par 1000, le nouveau produit exprimera le nombre des kilogr. que doit avoir le piston pour faire équilibre à la pression de l'eau: ensuite qu'on ajoute à ce dernier produit le nombre des kilogr. que peut péser un piston dans la méthode ordinaire (*), et

(*) J'ignore quel est le *minimum* du poids que l'on peut donner au piston dans la méthode ordinaire décrite au §. précédent, sans que l'on risque de rendre nul son effet, qui est de presser tellement le cuir conl'on aura le poids total que doit avoir le piston, dans cette nouvelle méthode, pour fermer l'eau avec toute la sureté que l'on peut desirer.

Si les dimensions et le poids que doit avoir ce piston paraissent incommodes, il y a, peut-être un moyen de les diminuer considérablement, en compensant cette diminution par une pression artificielle quelconque. Pourquoi, par ex., ne pourrait-on pas faire le piston aussi léger que l'on voudra, et le presser avec une forte vis de pression?

4.° Enfin si cette méthode présentait encore des difficultés dans la pratique, ainsi que je le pense moi-même, il vaudrait bien la peine de chercher à les faire disparaître, avant que de l'abandonner, attendu la grande économie qui en résulte; et ce n'est que d'après cette considération que j'ose la proposer.

---

tre le plan de marbre, que pas même une goutte d'eau ne puisse s'échapper. Ce poids ne peut être déterminé que par la voie de l'expérience, et cette expérience, que je sache, n'a pas encore été faite. Je présume, que par un excès louable, on les fait souvent trop lourds.

FIN.

TABLE

Planche I.

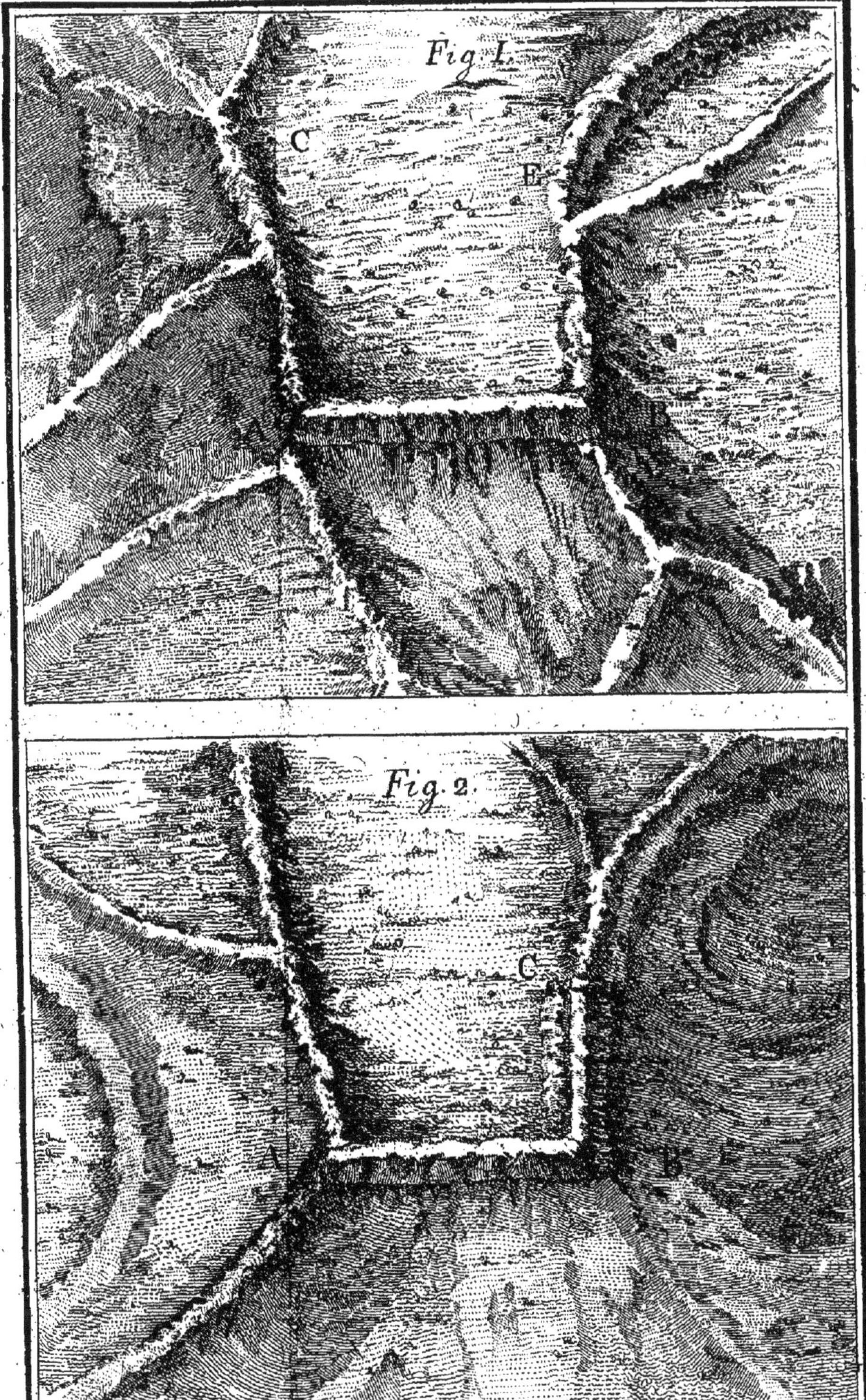

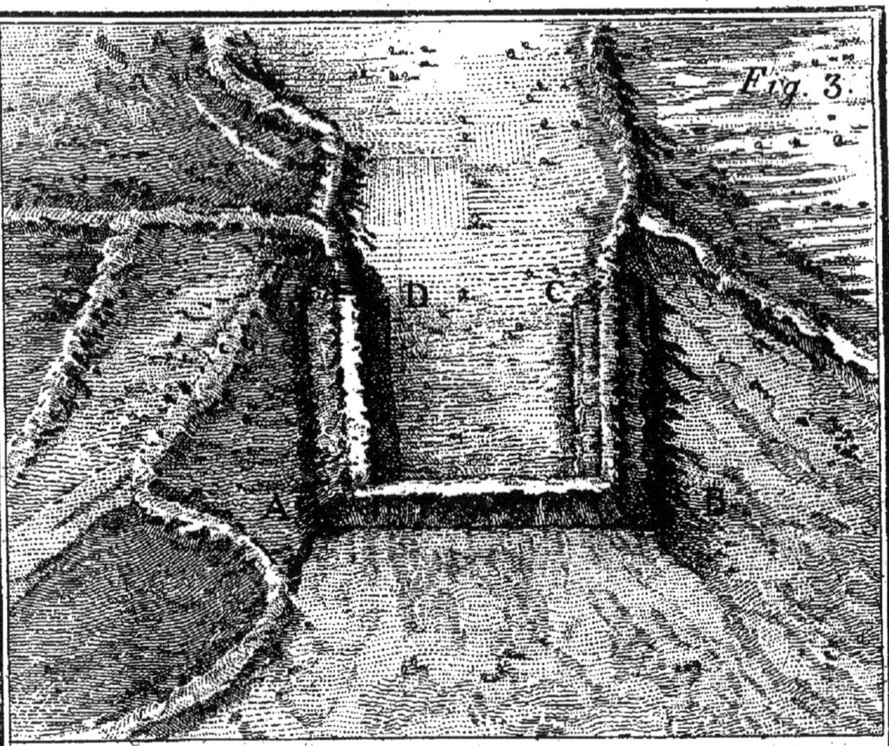

Planche II.

Fig. 3.

Fig. 4.

Coupe du Déversoir Pag. 35.

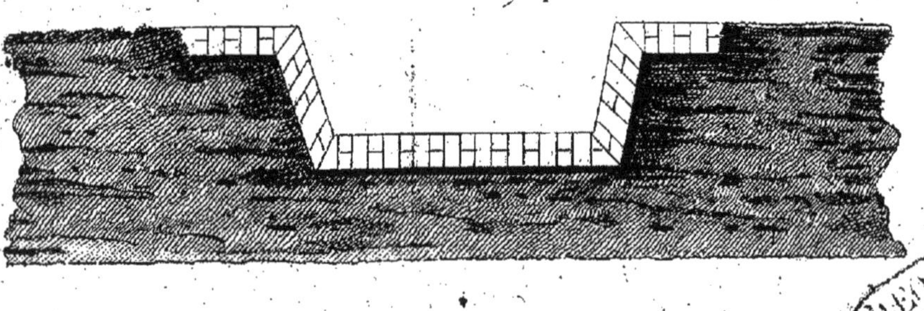

Planche III.

Fig. 5.
Q
B
M
A
E
H
G
D
F
T
C
N
Fig. 6.
A
C
D
B
E
F
Fig 8.
E
D
Fig. 7.
A
C
B
Fig. 9.
l
E
o
C
g
h
m
n
f
B
d
A
Fig. 10.

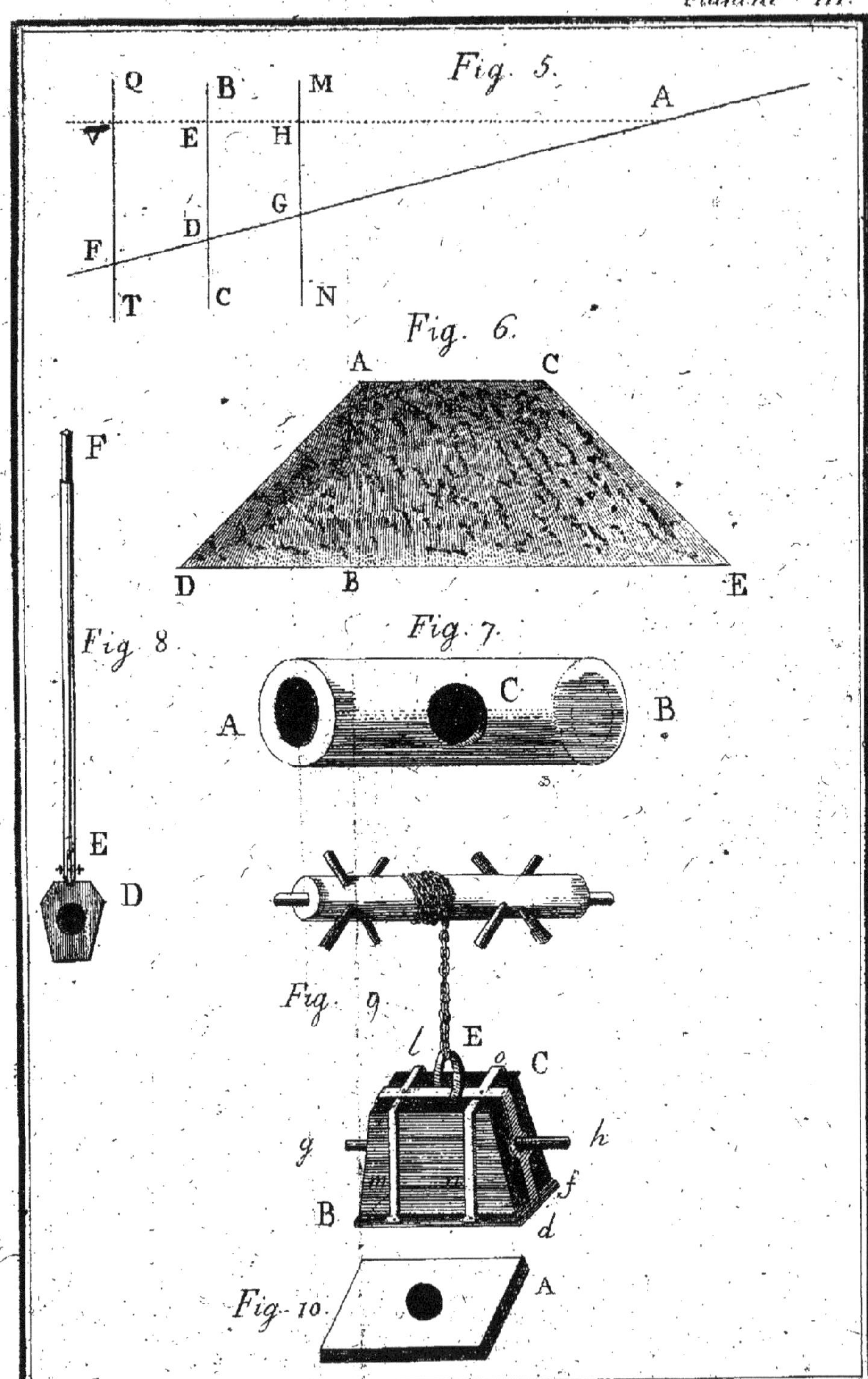

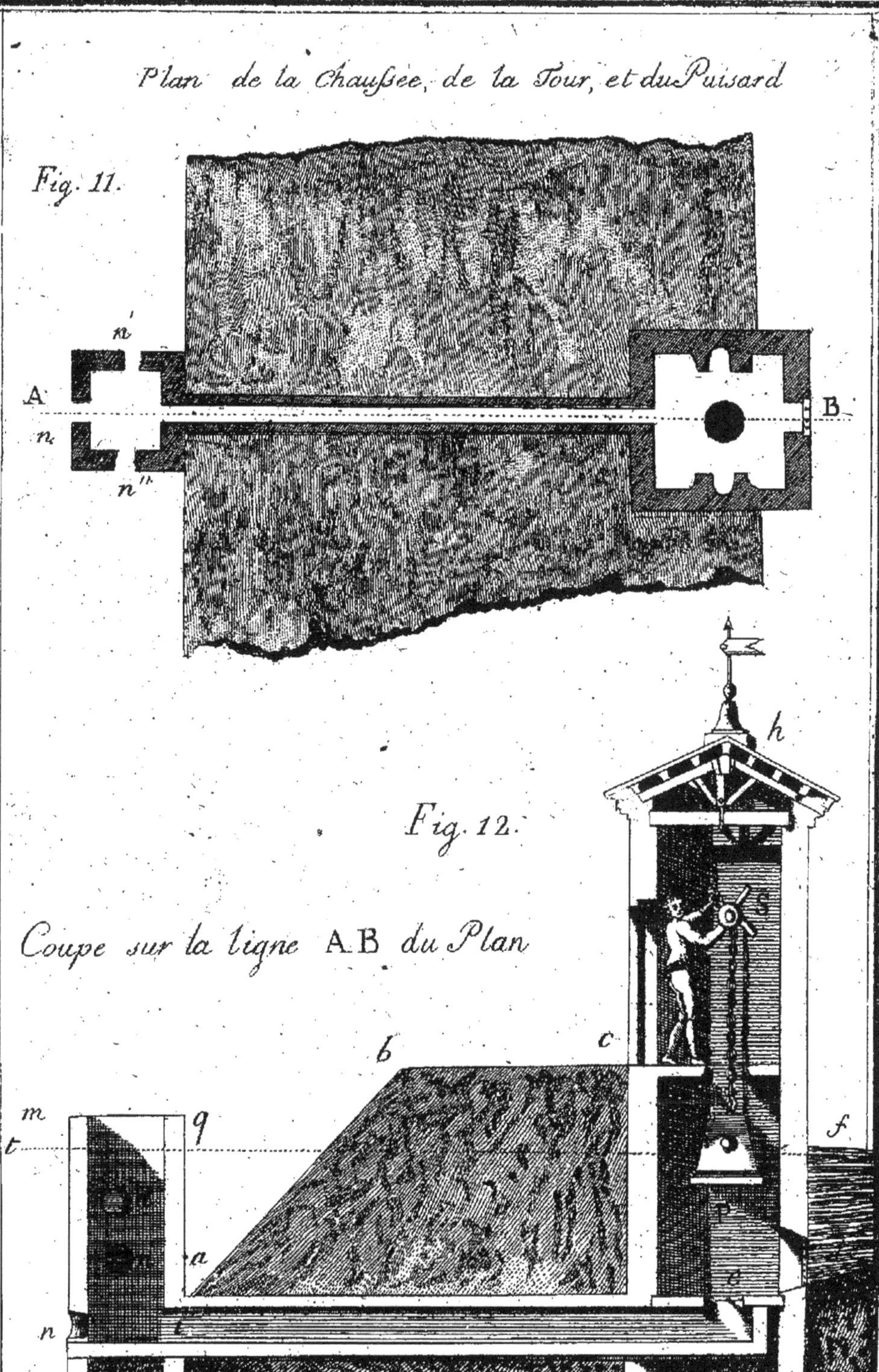
Plan de la Chaussée, de la Tour, et du Puisard
Fig. 11.
n'
A
n
n''
B
Fig. 12.
Coupe sur la ligne A.B du Plan
h
S
c
b
m
q
t
f
a
e
n

www.ingramcontent.com/pod-product-compliance
Ingram Content Group UK Ltd.
Pitfield, Milton Keynes, MK11 3LW, UK
UKHW012254240726
13966UKWH00004B/1405